U0102276

便民圖纂卷第十

起居類

起居格言　起居不節用力過度則脉絡傷傷陽則衄傷陰則下○久視傷神久立傷骨久行傷筋久坐傷血久臥傷氣○春宜夜臥早起以使志生逆之則傷肝夏爲寒變○夏宜夜臥早起使志無怒使氣得泄逆之則傷心秋爲痎瘧○秋宜早臥早起使志安寧收歛神氣逆之則傷肺冬爲飧泄○冬宜早臥晚起去寒就温無泄皮膚逆之則傷腎春爲痿厥○大喜墜陽大怒破陰大怖生狂大恐傷腎○有所失忘求而不得則發爲肺鳴肺鳴則肺熱其肺葉焦而爲痿癖○悲哀太甚則胞絡絕而心下崩數溺血而爲肌痺○思想無窮而所願不得意淫於外入房太甚則發爲筋痿及爲白淫○心有所憎不用深憎心有所愛不用深愛不然則損性傷神○談笑以惜精氣爲本多笑則腎轉腰疼○眼者身之鏡視多則鏡昏耳者身之牖聽多則牖閉面者神之庭心悲則面焦髮者腦之華腦減則髮素○氣清則神暢氣濁則神昏氣亂則神劳氣衰則神去○起晏則神不清

省心法言 天道遠人道邇順人情合天理○身閑不如心閑藥補不如食補○富貴不知止殺身飲食不知節損壽○戒酒後語忌食時嗔忍難耐事順不明人○無事當貴無災當福調攝當藥蔬食當肉○富貴不儉貧時悔見事不學用時悔醉後狂言醒時悔安不將息病時悔○務德莫如滋去惡莫如盡○嘉穀不早實大器當晚成○大富由命小富由勤○一年之計在春一日之計在寅一生之計在勤一家之計在和○欲成家置兩犁欲破家娶兩妻○安分身無辱知幾心自閑○起家之子惜糞如金敗家之子棄金如糞○得意處早囘頭力到處行方便○避色如避仇避風如避箭○作福不如避罪服藥不如忌口○服藥千朝不如獨宿一宵飲酒千斛不如飽飡一粥○麁茶淡飯飽卽休補綴遮寒暖卽休○得忍且忍得戒且戒不忍不戒小事成大○知足常足終身不辱知止常止終身不恥○舌存以軟齒亡以剛○百戰百勝不如一忍萬言萬當不如一默○教子嬰孩教婦初來○至樂莫如讀書至要莫如教子○遺子千金不如教子一經養身百計不如隨身一藝○

養子如虎猶恐如鼠養女如鼠猶恐如虎○至富不造屋至貧莫賣屋○君子之交淡若水小人之交甘若醴○君子擇而後交故寡尤小人交而後擇故多怨○結朋須勝巳似我不如無○相識圖相益濟人須濟急○施恩勿求報與人勿追悔

起居之宜五更時以兩手摩擦令極熱熨面及腮去皺紋熨眼明目○早起以左右手摩臂次摩脚心則無脚氣諸疾○鷄鳴時扣齒三十六遍舐唇嗽口舌撩上齶三過能殺蟲補虛損○齒宜朝暮扣會神○卒遇凶惡事當扣左齒三十六名撞天鐘辟邪氣扣右齒名搥天磬扣中央齒名擊天鼓則凶變爲吉○早行含煨生薑少許不犯霧露若腹實及飲酒能解瘴氣○大寒冷早出噙真酥油則耐寒○行路勞倦骨疼宜在暖處睡○行路多夜向壁角拳足睡則明日足不勞○入山山精老魅多來試人或作人形當懸明鏡九寸於背後以辟衆惡蓋魁魅雖能變形而不能使鏡中之形變其形在鏡中則銷亡退走不敢爲害○渡江河朱書禹字佩之能免風濤之厄○凡食訖以溫水嗽口則無齒疾○食後以小紙撚打噴嚏數次使氣通

而脾胃明痰自化〇晚飯少及臥不覆面皆得壽〇晚飯後徐步庭下無病〇臨睡宜服去痰藥〇將睡叩齒則牙牢〇睡宜拳足覺宜伸舒〇枕内放麝香一臍能辟邪惡安夾明子菊花能明目〇夜臥或側或仰一足伸一足屈勿令並則無夢泄之患〇夜臥以鞋一覆一仰則無魘與惡夢〇夜魘者取梁上塵吹鼻中即醒〇夜起用氈作鞋或以氈襯則足温不受寒邪〇夜起坐以手攀脚底則無轉筋之疾〇不語唾塗瘡則腫消舔大拇指節背塗眼則目至老不昏〇未語時服補藥入腎經

起居雜忌用炊湯洗面則無精神〇水過夜面上有五色光彩者不可洗手若磨刀水洗手則生癬〇遠行觸熱及醉後用冷水洗面則生黑䵟成目疾〇有目疾者沐浴及房事則目盲〇凌霄花露入眼則失明〇久視雲漢及日光損目〇燒甘蔗柤及夏月枕鐵石等物目暗〇諸禽獸油點燈令人目盲〇馬尾作刷牙損齒〇頻浴熱氣壅腦血凝而氣散〇飢忌浴飽忌沐晦日浴朔日沐吉〇沐浴未乾不可睡〇猛汗時河内浴成骨痺〇坐臥

沭浴勿當簷風及窓隙風皆成病○大汗偏脫衣得偏風半身不遂醉後汗出脫衣靴當風取涼成脚氣○汗出及醉時不可令人扇生偏枯疾○空心茶加鹽直透腎經又冷胃○食飽不宜洗頭洗頭不宜冷水淋○嗅臘梅花生鼻痔○橘花上有蠆毒及凌霄金錢花亦皆有毒不可近鼻聞○麝香鹿茸皆有細蟲聞之則蟲入腦○虎豹皮上睡驚神毛入瘡有大毒○夏月不宜坐日晒石上熱則成瘡冷則成疝○夏月遠行不宜用冷水濯足雪寒草履不可用熱湯洗足○夏月并醉時不可

露臥生風癬冷痺○食飽卽睡成氣疾○凡睡覺飲水更眠成水癖○雷鳴時不可仰臥○星月下不可裸形○向星辰日月神堂廟宇不可大小便○夜間不宜朝西北小便○夜行勿歌唱大叫○夜間不宜說鬼神事○口吹燈則損氣○停燈行房損壽○本命日及風雨雷電日月薄蝕庚申甲子并朔望晦日四時二社二分二至並忌房事○朔不可哭晦不可歌

人事防閑　夜飲之家多生奸盜○夜間臥處停燈與賊爲眼○夜間犬吠宜密喚醒同伴不可自解說

云不是盜賊○夜獨起必喚知同伴○出門向外必回身掩門恐盜乘隙而入○起逐盜賊防攺易元路○賊以物入探不可用手拏○夜覺盜入直吽有賊令自竄不可輕易趕逐○遇賊不可乘暗擊之恐誤擊自家人○夜遇物有聲只言有賊不可指言鼠及猫犬○獲得盜賊卽便解官不可久留恐有他變及不可先自將賊打傷○臨睡吹燈時須剔落燈花剔起燈草剔去燭燼然後吹滅有警急時易爲點上○上床時鞋子頭須向外倉卒易穿○睡人不宜戲畫其面或致魘死○竈前不

可有積薪竈邊水缸夜須汲滿以備不虞○宿火不可蓋烘籃低屋不宜炙蠶簇○暮年不宜置寵○蓄妾不宜太慧○婦人奴婢之言不可輕信○別宅不可置寵○奴僕當防私通○奴婢不可自撻○婢妾不可遽遣○有子勿置乳母○親鄰不宜假借○養義子當別嫌養親戚慮後患○同居不必私藏分財不可輕重○幹人須擇淳謹狡猾不可任用○親賓戒虐以酒○背後不可譏議○恤鄰里防緩急○置便門防寇盜○失物便宜急尋○小兒當謹其出入不可衣以金珠○棺中不

宜厚斂墓中不宜厚葬○起造須是預備陂塘及時修治○賦稅早當輸納逋債不可輕舉○凡事須自區處○言語切戒暴厲○見人富貴不可妬見人貧賤不可欺見人之善不可掩見人之惡不揚

營造避忌 人家居處宜高燥潔淨○造屋不宜作兩間四間兩家門不宜正相對○造屋不可先築墻及外門○凡門以栗木爲門者可以遠盜○東北開門多招恠異之事○門口不宜有水坑大樹不宜當門○門前青草多愁怨門外垂楊幷吉祥○

墻頭衝門直路衝門神社對門與門中水出並凶○房門不可對天井廚房門不可對房門○桑樹不宜作屋料死樹不宜作棟梁○屋後不可種芭蕉○中庭不宜種樹○大樹不宜近軒○廳內房前後堂俱不宜開井○古井及深穽中有毒氣不可入○窺古井損壽○塞古井令人耳聾○井畔不宜栽桃○井竈不宜相見○作竈不宜用壁泥○刀斧不宜安竈上簸箕不宜安竈前○女子不宜祭竈○婦人不宜跂竈坐○竈前不宜歌笑罵詈吟哭呪咀無禮○竈灰不宜棄厠中○上厠不

可唾○上厕之時咳嗽兩三聲吉

飲食宜忌古云善養性者先渴而飲飲不過多多則損氣渴則傷血先飢而食食不過飽飽則傷神飢則傷胃○飲食務取益人者仍節儉爲佳若過多覺膨了短氣便成疾○陶隱居云食戒欲麄并欲速寧可少食相接續莫教一飽頓充膓損氣傷心非爾福○又云生冷粘膩筋韌物自死牲牢皆勿食饅頭閉氣莫過多生膾偏招脾胃疾鮓醬胎卵兼油膩陳臭淹藏盡陰類老人朝暮更飡之是借寇兵無以異○侵晨食粥能暢胃氣生津液○老

人常以生牛乳煮粥食之有益○茶宜漱口不宜多啜○空心茶卯時酒申時飯皆宜少○諺云上床蘿蔔下床薑蓋夜食蘿蔔則消酒食淸晨食薑則能開胃粥羹之言亦不可忽也如是○多種鷄頭菱米可以代食山藥鳧茨可以充飢○麪不宜過水以滚湯候冷代水用之○食麪後如欲飲酒須先以酒嚥去目漢椒三二粒則不爲病○食蓮子宜蒸熟去心生則脹膓不去心則成霍亂○食生藕除煩渴解酒藕箸蒸熟食之甚補五臟實下焦與蜜同食令腹臟肥不生諸蟲○生果停久有

處者不可食○甜瓜沉水者殺人雙蒂者亦然○蕈無紋有毛及煑不熟者不可食○酒漿上不見人物影者不可食○暑月磁器如日晒太熱者不可便盛飲食○銅器內盛酒過夜者不可食○盛蜜瓶作鮓不可食○凡肉汁藏器中氣不泄者有毒以銅器蓋之汗滴入者亦有毒○肉經宿并熟鷄過夜不再煮不可食○凡肉生而歛墮地不粘塵煑而不熟者皆有毒○祭神肉自動及祭酒自耗者皆不可食○諸肉脯貯米中及晒不乾者皆不可食○凡禽獸肝青者不可食○諸禽獸腦子

滑精不可食○凡鳥死口目不閉脚不伸者不可食○黑鷄白首并四距者不可食○馬生角及白馬黑頭白馬青蹄者皆不可食○黑牛白頭并獨肝者不可食○羊肝有竅及羊獨角黑頭者皆不可食○兎合眼者皆不可食鼠殘物食之生瘰癧○凡魚目能開閉或無腮無膽及有角白背黑點者皆不可食○鮎魚赤鬚赤目者有毒○魚頭有白連脊者不可食○河豚魚浸血不盡及子與赤斑者皆不可食○鯉魚頭腦有毒○魚鮓內有頭髮者不可食○鰕無鬚及腹下黑者有毒○蟹目

相向有獨螯者不可食○鼈腹有蛇蟠痕者不可食○一應簷下雨滴菜有毒○茅屋漏水入諸脯中食之生癥瘕○陶瓶內插花宿水及養臘梅花水飲之能殺人○吐多飲水成消渴○髮落飲食中食之成瘕○飲食於露天飛絲墮其中食之咽喉生泡○多食鹹則凝注而色變多食苦則皮枯而毛落多食辛則筋急而瓜枯多食酸則肉胝膓而唇揭多食甘則骨痛而齒落○食炙煿宜待冷不然則傷血損齒

飲酒宜忌 凡醉後慎勿即睡必成眼昏目盲之疾待醒方睡最佳○酒後行房事則五臟翻覆宜爲終身之戒○飲白酒忌食生韭菜及諸甜物○食生菜飲酒者莫炙腹令人膓結○醉後不宜食羊豕腦○醉後不可食芥辣緩人筋骨亦不可食胡桃令人吐血○蒲萄架下不宜飲酒○醉中飲冷水成手顫○醉不可强食嗔怒生癰疽○醉人大吐不以手緊掩其面則轉痛○醉中大小便不可忍成癃閉瘍痁等疾○醉飽後不宜走馬及跳躑○久飲酒者腐膓爛胃潰脂蒸筋傷神損壽及多成血痺之疾若燒酒尤能殺人宜深戒之○飲燒酒

不醒者急用菉豆粉盪皮切片挑開口牙用冷水送粉片下喉卽醒○飲酒之法自溫至熱若於席散時須飲熱酒一杯則無中酒之患欲醒酒多食橄欖治病酒煑赤豆汁飲之○凡晦日不宜大醉蓋人之血脉隨月盈虧方月滿時則血氣實肌肉堅至月盡則月全暗經絡虛肌肉減衛氣去矣當是時也又大醉以傷之是以重虛故云晦夜之醉損一月之壽也

飲食反忌 猪肉與生薑同食發大風○猪肝與鵪鶉同食面生黑點又不宜與魚子同食○猪血與黃

豆同食悶人○猪肉不與羊肝同食○牛肉與薤同食生疣又不宜與栗子蘿蔔同食○牛肝不與鮎魚同食○羊肝與生椒同食傷五臟栗小豆梅子同食傷人○犬肉不與蒜同食○麋鹿不與鰕同食○兎肉與白鷄同食發黃與鵞同食則血氣不行與藕橘同食則成霍亂○鷄肉與胡荽同食氣滯○野鷄與鮎魚同食生癩與蕎麪同食生蟲又不宜與鯽魚猪肝蔴菰菌子同食○鯽魚與芥菜同食令人黃腫○鯉魚與紫蘇同食發癰疽○鼈肉與莧菜同食生蟲○鱔魚不與白犬肉同食

○黃魚不與蕎麪同食○螃蠏不與芥湯及軟棗紅柹同食○蜆子不與油餅同食○楊梅不與生葱同食○李子不與雀肉同食○桃李與蜂蜜同食五臟不和○糖蜜與小鰕同食暴下○茶與韭同食耳聾○粥內入白湯成淋

解飲食毒 黃鱨魚鯉魚忌荆芥地漿解之○中河豚毒青黛水藍青汁或槐花末三錢新汲水解之○中牛肉毒者甘草湯解之或猪牙燒灰水調服○食馬肉中毒者擣蘆根汁或嚼杏仁或飲好酒解之○食馬肝中毒者水浸豉絞汁解之○食猪肉中毒飲大黃汁或杏仁汁朴硝汁皆可解○中羊肉毒者甘草湯解之○食狗肉中毒者以杏仁三兩擣爲泥熱湯調作三服○中鴨肉毒者煮糯米湯解之○食鷄子毒者飲醋解之○中蟹毒煎紫蘇湯飲一二盞或生藕汁解之○凡中魚毒煎橘皮湯或黑豆汁或大黃蘆根朴硝汁皆可解○中諸肉毒壁土水一錢服又方燒白匾豆末可解○食諸肉過傷者燒其骨水調服或芫荽汁生韭菜汁解之○中蕈毒連服地漿水解之○諸菜毒甘草貝母胡粉等分爲末水服及小兒溺○野菜毒

飲土漿解之○瓜毒瓜皮湯或鹽湯解之○柑毒柑皮湯解鹽湯亦可○諸果毒燒猪骨為末水調服○悮食閉口花斑飲醋解之○悮食桐油熱酒解之乾柿及甘草亦可○凡飲食後心煩悶不知中何毒者急煎苦參汁飲之令吐又方煮犀角湯飲之或以苦酒或以好酒煮飲之○飲酒毒大黑豆一升煮汁二升服立吐即愈又方生螺螄蓽澄茄並解之○凡諸般毒以香油灌之令吐即解

病忌有風疾者勿食胡桃有暗風者勿食櫻桃食之立發猪頭猪觜亦不宜食○時行病後勿食魚鱠

及蟶與鱔魚又不宜食鯉魚再發必死○時氣病後百日之內忌食猪羊肉並腸血及肥魚油膩乾魚犯者必大下痢不可復救又禁食麪及胡蒜韭薤生菜鰕等食此多致傷發則難治又令他年頻發○患瘧者勿食羊肉恐發熱即死○病眼者禁冷水冷物挹眼不忌則作瘖○牙齒有病者勿食棗○患心痛心恙者食獐心及肝則迷亂無心緒○患脚氣者食甜瓜其患永不除蕪不可食鯽魚及瓠子○黃疸病忌麪肉醋魚蒜韭熱食犯者即死○患咯血吐血者忌酒麪煎煿淹藏海味硬冷

難化之物其鼻衂齒衂諸血病皆放此○有痼疾者勿食麂與雉肉○患瘡者不可食薑及鷄肉○癩者不可食鯉魚○瘦弱者不可食生棗○病瘧者勿食薄荷令人虛汗不止○傷寒得汗後不可飲酒○熱病瘥後勿食羊肉○久病者食李子加重○產後忌生冷物惟藕不為生冷為其能破血

服藥忌食 服茯苓忌醋○服黃連桔梗忌猪肉○服細辛遠志忌生菜○服水銀硃砂忌生血○服常山忌生葱生菜並醋○服天門冬忌鯉魚○服甘草忌菘菜海藻○服半夏菖蒲忌餳糖羊肉○服术忌桃李雀肉胡荽蒜鮓○服杏仁忌粟米○服乾薑忌兎肉○服麥門冬忌鯽魚○服牡丹皮忌胡荽○服商陸忌犬肉○服地黃何首烏忌蘿蔔○服巴豆忌蘆笋野猪肉○服烏頭忌豉汁○服鼈甲忌莧菜○服藜蘆忌狸肉○服丹藥空青硃砂不可食蛤蜊併猪羊血及菉豆粉○凡服藥皆忌食胡荽蒜生菜肥猪犬肉油膩魚鱠腥臊生冷不臭陳滑之物

妊娠所忌 產書云一月足厥陰肝養血不可縱怒疲極筋力冒觸邪風二月足少陽膽合於肝不可驚

動三月手心主右腎養精不可縱慾悲哀觸冒寒冷四月手少陽三焦合腎不可勞逸五月足太陽脾養肉不可妄思飢飽觸冒卑濕六月足陽明胃合脾不可雜食七月手太陽肺養皮毛不可憂鬱叫呼八月手陽明太陽合肺以養氣勿食燥物九月足少陰腎養骨不可懷恐房勞觸冒生冷十月足太陽膀胱合腎以太陽爲諸陽主氣使兒脉縷皆成六腑調暢與母分氣神氣各全候時而生不言心者以心爲五臟之主故也

孕婦食忌 食兎肉子缺唇○食山羊肉子多疾○食

團魚子項短○食鷄子乾鯉子多瘡○食鷄肉糯米子生寸白蟲○食羊肝子多厄○食鱔魚子胎疾○食螃蟹子橫生○食驢馬肉子過月○食騾肉子難産○食雀肉豆醬子生鼾黯○食鴨卵子倒生○食田鷄子壽夭○食雀肉及酒子淫亂○食氷漿絶産

乳母食忌 食寒凉發病之物子有積熱驚風瘍證○食濕熱動風之物子有疥癬瘡病○食魚鰕鷄馬之肉子有癬疳痩疾

嬰兒所忌 古云兒未能行母更有娠兒飲妊乳必作

尫病黃瘦骨立發熱髮落○小兒多因乳鈌喫物太早又母喜嚼食餵之致生疳病羸瘦腹大髮堅萎困○養子直訣云喫熱莫喫冷喫軟莫喫硬喫少莫喫多○瑣碎錄云小兒勿令指月生月蝕瘡勿令就瓢及瓶中飲水令語訥又衣服不可夜露

便民圖纂卷之第十 終

便民圖纂卷第十一

調攝類上

風

消風養榮湯　當歸酒洗　白芍藥　川芎各二錢　防風一錢一分　黃連一錢五分酒炒　生地黃一錢酒炒　熟地黃一錢五分酒炒　羌活七分　蟬蛻六分　荊芥一錢二分　連翹一錢二分　白朮一錢五分　陳皮一錢二分　黃芩一錢五分酒炒　甘草六分　水二鍾煎服

通聖散　防風川芎當歸白芍藥大黃麻黃薄荷連翹芒硝各半兩　黃芩桔梗石膏各六兩　滑石三錢　甘草二錢炙　荊芥白朮山梔各二錢半　有汗去麻黃有瀉去大黃芒硝神志不寧加辰砂氣不順加木香磨碗內同前藥煎服兼治赤痢

愈風湯　羌活甘草防風蔓荊子川芎細辛枳殼麻黃甘菊枸杞薄荷當歸知母地骨黃耆獨活杜仲秦艽香白芷柴胡半夏前胡厚朴熟地黃防已各二兩　茯苓芍藥黃芩各三兩　石膏蒼朮生地黃各四兩　桂一兩

每服一兩水二鍾生薑三片煎空心一服臨臥煎渣服若內邪已除外邪已盡當服此藥以通諸經久服大風悉去縱有微邪以此加減

加味茶調散　川芎一兩五錢　白芷一兩　細辛七錢　防風一兩　荊芥

治中風方 荊芥穗爲末以酒調下二三錢立愈

一兩甘草七錢薄荷一兩羌活七錢藁本七錢蔓荊子一兩共爲末每服三錢食後茶清調下治偏正頭風

祛風和中丸 陳皮一兩甘草七錢半夏七錢防風一兩川芎一兩荊芥一兩枳殼七錢烏藥七錢蒼朮一兩香附一兩當歸一兩草烏五錢白芷七錢殭蠶五錢蟬蛻五錢南星七錢羌活七錢苦參五錢共爲細末酒糊爲丸如梧桐子大每服五十丸用酒或椒湯或葱湯食遠送下治諸風

牛黃清心丸 羚羊角作末一兩人參二兩五錢茯苓一兩二錢五分芎藭一兩二錢三分防風一兩五錢乾薑七錢五分炮阿膠一兩七錢五分炒白朮一兩五錢牛黃一兩二錢研麝香一兩研犀角作末二兩雄黃八錢研飛龍腦一兩研金箔一千二百箔內四百箔爲衣白芍藥一兩五錢柴胡一兩二錢三分去苗甘草五錢炙乾山藥七兩麥門冬一兩五錢去心桔梗一兩二錢五分黃芩一兩五錢杏仁一兩二錢五分去皮米麩皮炒黃研大棗一百箇蒸熟去皮核研成膏神麯二兩五錢研大豆一兩七錢五分白歛七錢五分蒲黃二兩炒肉桂一兩七錢五分去皮當歸一兩五錢除杏仁大棗金箔二角末及牛黃麝香雄黃龍腦四味別爲末入餘藥和勻煉蜜棗膏爲丸每兩作十丸以金箔爲衣每服一丸食後溫水化下治諸風緩縱語言蹇澁痰涎壅盛心怔忡健忘或發顛狂

寒

薑附湯　乾薑一兩　附子去皮臍一箇生　每服三錢水煎服若挾氣攻刺加木香半錢挾氣不仁加防風一錢挾溼者加白朮筋脉牽急加木瓜肢節痛加桂二錢治中寒身體强直口噤不語逆冷

五積散　陳皮六兩去白　茯苓三兩去皮　枳殼六兩去穰麩炒　桔梗十二兩去蘆　厚朴四兩去皮薑製　麻黃六兩去根節　當歸三兩去蘆　白芍藥　白芷各三兩　甘草三兩炙　蒼朮炙十四兩去皮米汁浸　半夏二兩湯洗七次　川芎　官桂各三兩　乾薑四兩炮　每服四錢水一盞半姜三片葱白三根煎七分熱服治感冒寒邪

暑

清暑益氣湯　黃耆　升麻　蒼朮各一錢　人參　白朮　神麯　澤瀉　陳皮各半錢　甘草炙　黃蘗酒炒　麥門冬　當歸各三分　五味九箇　青皮　葛根各二錢　剉作一服水煎

十味香薷散　香薷一兩　人參　陳皮　白朮　茯苓　匾豆炒　黃耆　木瓜　厚朴薑製　甘草炙各半兩　共爲末服二錢熱湯或冷水調服

溼

除溼舒飲湯　蒼朮一錢五分　陳皮一錢一分　半夏一錢　茯苓一錢五分　枳實一錢二分　羌活八分　防風一錢三分　烏藥一錢二分　木香七分　澤瀉一錢二分　芍藥一錢五分　當歸一錢五分酒洗　木瓜七分　秦芁一錢二分

牛膝酒洗一錢 葳靈仙六分 甘草五分 防風酒焙三分 姜三片水二鍾煎服

傷寒

南星葳靈仙各等分薑五片煎服

术活散 陳皮半夏羌活防風甘草蒼术香附子獨活

十神湯 川芎甘草炙 麻黃去根 乾葛紫蘇升麻赤芍藥白芷陳皮香附子各等分 每服三錢水一鍾半生姜五片煎七分去柤熱服治陰陽兩感

芎蘇散 川芎七錢 紫蘇葉乾葛各半兩 桔梗生二錢五分 柴胡去蘆茯苓各半兩 甘草炙二錢 半夏湯洗六錢 枳殼去穰三錢 陳皮三錢五分 每服三錢姜棗煎服治四時傷寒

參蘇飲 木香紫蘇乾葛半夏湯泡七次薑製 前胡去蘆 人參去蘆茯苓去皮各七錢五分 枳殼去穰麸炒 桔梗去蘆 甘草炙 陳皮去白各半兩 每服四錢水一鍾半薑七片棗一枚煎六分熱服治感冒風邪

參胡清熱飲 人參一錢五分 柴胡一錢 陳皮一錢五分 白术一錢 茯苓一錢 黃連一錢 麥門冬八分 知母炒一錢 黃芩一錢五分 甘草炙 白芍藥炒一錢 水二盞薑三片煎七分溫服治發熱不止

小柴胡湯 半夏湯洗七次二兩五錢 柴胡去蘆八兩 黃芩人參去蘆甘

治傷寒方用糯米粽無棗者和滑石末研成錠曬乾燒炭浸酒去炭熱飲之七日內者即汗七日外者次日汗 又方麥門冬三錢烏梅三枚棗三枚芫荽梗三十寸燈心三十寸竹葉三十片熱煎服治疫氣傷寒等症奇效

草炙各三兩每服三錢水一盞薑五片棗一枚煎七分熱服治發熱如瘧

人參三白湯　人參白术白芍藥白茯苓各等分水二鍾生薑三片煎七分熱服治傷寒手足通身發熱

大柴胡湯　枳實去穰麩炒五錢柴胡去蘆一兩大黃二兩赤芍藥黃芩各三兩每服五錢水一盞半薑五片棗一枚煎七分溫服治熱盛煩燥

痿痺

清燥湯　黃耆一錢五分蒼术一錢白术橘皮澤瀉各五分五味子九箇人參白茯苓升麻各三分麥門冬當歸身生地黃麴末猪苓酒黃蘗柴胡黃連甘草炙各一分每服半兩水煎空心熱服治表裏有濕熱痿厥癱瘓不能行走或足踝膝上腫痛口乾瀉痢

烏藥順氣散　烏藥去尖麻黃去節橘皮甘草炙白殭蠶炒去絲川芎枳殼麩炒桔梗白芷各一兩白薑炮半兩共爲末每服二錢水一盞薑三片薄荷七葉煎七分空心服治氣去薄荷用棗二枚同煎治濕毒進襲腿膝攣痺筋骨疼痛并風氣不順手足偏枯流注經絡

水腫

大橘皮湯　陳皮一兩五錢木香二錢五分滑石六兩檳榔三錢茯苓

一兩猪苓白术澤瀉肉桂各五錢甘草二錢生薑五片水
煎服治濕熱內攻腹脹水腫小便不利大便滑泄

金匱越脾湯麻黃石膏生薑大棗甘草各等分水煎服
惡風加附子治裹水加白术

蘇苓散猪苓紫蘇澤瀉蓬术薑黃白术陳皮甘草芍
藥砂仁茯苓香附厚朴滑石木通各等分薑五片燈
心一結煎服

鼓脹

紫蘇子湯蘇子一兩大腹皮草菓厚朴半夏木香陳皮
木通白术枳實人參甘草各半兩水煎薑三片棗一

枚治憂思過度致傷脾胃心腹脹滿喘促煩悶腸
鳴氣走大小便不利脉虛緊而澁

廣茂潰堅湯厚朴黃芩益智草豆蔻當歸各五錢黃連
六錢半夏七錢廣茂升麻紅花炒吳茱萸各二錢甘草生
柴胡澤瀉神麴炒青皮陳皮各三分渴者加葛根四錢
每服七錢生薑三片煎服治中滿腹脹內有積塊
堅硬如石坐卧不安大小便澁滯上氣喘促通身
虛腫

中滿分消丸黃芩枳實炒半夏黃連炒各五錢薑黃白术
人參甘草猪苓各一錢茯苓乾生薑砂仁各二錢厚朴

治暴吐血方以蛛網爲丸米湯飲下立止
治吐血症用未熟青黃色大柿一枚好酒煎至九沸去酒取柿食之神效
又方用無五棓青布子荷

製一兩 澤瀉 陳皮各三錢 知母四錢 共爲末水浸蒸餅丸如桐子大每服百丸焙熱白湯下食後寒因熱用故焙服之治中滿鼓脹水氣脹大熱脹

癇證

續命湯 竹瀝汁一升二合 生地黃汁一升 龍齒末 生薑 防風 麻黃去節各四兩 防巳 石膏 桂各二兩 用水一斗煮取三升分三服有氣加紫蘇陳皮各半兩 治癇發煩悶無知口吐沫出四體角弓反張目反上口噤不言

易簡方 用生白礬一兩研 好臘茶五兩 煉蜜丸如桐子大每服三十丸再用臘茶湯下久服其涎自大便出

寧神丹 天麻 人參 陳皮 白朮 當歸身 茯神 荊芥 殭蠶炒 獨活 遠志去心 犀角 麥門冬去心 酸棗仁炒 辰砂另研 生地黃 黃連各五錢 守田 南星 石膏各一兩 甘草炙 白附子 川芎 玉金 牛黃 珎珠各三錢 金箔三十片 共爲末酒糊丸空心服五十丸白湯下清熱養氣血不時潮作者可服

血證

犀角地黃丸 犀角 生地黃 白芍藥 牡丹皮各等分 每服五錢水煎溫服實者可服治吐血衄血

三黃補血湯 熟地黃一錢 生地黃五分 當歸七分半 柴胡五分

稻或草木上接秋露最潔者盛淨磁瓶内分爲十八碗作三次服每次六碗入人參湯五分冬蜜人乳各一鍾煎温服效久服老而益健

升麻白芍藥二錢牡丹皮五分川芎七分半黃耆五分水煎服血不止加桃仁五分酒大黃酌量虛實用之内去柴胡升麻

聖惠湯 側柏葉生荷葉汁生茅草根汁生地黃汁生藕汁四味汁共紐一鍾入審一匙井水少許常服之立効

臟毒

平胃地榆湯 白术陳皮茯苓厚朴乾薑葛根各五分地榆七分甘草炙當歸炒麯白芍藥人參益智各三錢蒼术升麻附子炮各一錢剉碎作一服水煎加薑棗

槐花散 蒼术厚朴陳皮當歸枳殼各一兩槐角三兩甘草烏梅各半兩 用水煎服治腸胃不調脹満下血

經驗方 用夏月曬乾茄子炒如黑色碾爲細末連服十日不止再用數年陳槐花炒如前爲末服之數日未不發俱空心煮酒送下一錢

槐角丸 地榆黃芩當歸槐角防風枳殼各三兩共爲末酒糊丸如梧桐子大每服八十丸空心米湯送下治五種腸風下血

三黃丸 黃檗黃連黃芩各等分爲丸治糞後有血點兼治鼻衄

治喘方麻黄三两不去根節湯浴過訶子二两去核用肉二味爲粗末每服三大匕水二盞煎減一半入臘茶一錢再煎作八分熱服奇效
又方用高麗人參一两爲末雞子清和爲丸如桐子大陰乾每服百粒温臘茶清下一服立止
又方治男婦氣血虧損及喘嗽寒熱諸症人參一分真三七二分共爲末無灰熱酒調服二煎三煎皆如前日服三次奇效

痰飲

導痰湯 南星橘紅赤茯苓枳殼甘草半夏各等分生薑五片水煎食前服

天竹黃餅子 牛膽南星三錢薄荷一錢天竹黃二錢硃砂二錢片腦三錢茯苓三錢甘草三錢天花粉一錢共爲末煉蜜入生地黃汁和藥作餅子每服一餅夜睡時噙化下治一切痰上焦有熱心神不寧

潤下丸 南星黃芩甘草炙黃連各一兩半夏二兩橘紅八兩以水化塩五錢拌令得所煮乾炒共爲末蒸餅丸如菉豆大每服五七十丸白湯下

咳嗽

人參清肺飲 阿膠杏仁去皮炒桑白皮地骨皮人參知母烏梅去核罌粟殼去蒂蓋蜜炙甘草根各分每服三錢水一盞半生薑棗子各一煎至八分治咳嗽不止

平肺飲 陳皮一兩半夏湯洗七次桔梗炒薄荷各七錢半紫蘇烏梅去核紫菀知母桑白皮蜜炒杏仁炒五味子各七錢半甘草炙五分罌粟殼蜜炒七錢半每服五錢水一盞半薑三片煎六分食後温服治咳嗽痰喘寒熱

保肺丸 人參紫菀天門冬麥門冬桑白皮陳皮貝母各四兩五味子黃芩桔梗杏仁各三兩加款冬花四兩共

爲末生蜜丸每服八十丸夜睡時白熱湯下治上
焦熱痰嗽

人參化痰丸 人參白茯苓南星薄荷藿香黃連各五兩
半夏白礬寒水石乾薑各十兩 黃蘗蛤粉各二十兩 共爲
末薑糊爲丸如桐子大每服八十丸淡薑湯下治
嗽有痰

清氣化痰丸 黃芩黃連黃蘗皂角末蘿蔔子枯礬各三
兩 蒼朮十二兩 瓜蔞仁南星陳皮各三兩 蛤粉六兩 香附
十二兩 製服如前

耳目

桂星散 辣桂川芎當歸細辛石菖蒲木通白蒺藜炒
木香麻黃去節甘草炙各一錢五分 南星煨 白芷梢各四錢 紫
蘇一錢 葱二莖水煎每服二錢治風虛耳聾

益腎散 磁石火燒醋漬七次研末飛一錢八分半 巴戟去皮 川椒炒各一兩 沉
香石菖蒲各半兩 共爲末每服二錢用猪腎一枚細
切和葱白炒塩并藥溼紙十重裹煨令熱空心嚼
以酒送下治腎虛耳聾

紅綿散 白礬枹一錢 胭脂一字 麝香半錢 入胭脂一字研勻
用綿纏去耳中膿水送藥入耳令到底一方加龍
骨

治眼方熊胆少許用淨水略潤開盡去筋膜塵土入冰腦一二片如淚痒則加生姜粉些少以銀筯點眼能去障翳及赤眼最効

洗眼方每歲立冬日採桑葉一百二十片懸風處令自乾每月用十片水一碗于砂礶内煎至八分去渣溫洗每洗眼日清淨齋戒忌葷酒正月初五日二月初一日三月初五日四月初八日五月初五日六月初七日七月初七日八月初八日九月三十日月小則二十九日十月初十日十一月初十日十二月初一日

撥雲散 羌活防風柴胡甘草炒各等分共為末每服二錢煎食後溫服薄荷清明茶并菊花茵煎湯皆可服治男子婦人風毒上攻眼目翳膜遮睛怕日羞明一切風毒

還睛丹 羌活蜜蒙花蒼朮木賊草白芷川芎大麻子當歸細辛黃連枸杞子桔梗梔子仁甘草荊芥穗菊花薄荷連翹藁本川椒石膏烏藥黃芩已上各等分一兩五錢為細末煉蜜丸如彈子大每服二丸細嚼溫酒送下為末每服二錢蜜水調下治遠久眼疾

經驗方 用萆麻子四十九粒棗肉十箇入人乳擣成膏子石上略曬乾丸如桐子大綿裹塞耳中鼠膽滴入尤妙且開痰散風熱

點藥方 黃連去鬚 黃蘗去皮 甘 黃芩 山梔子 川芎 防風去蘆 羌活 荊芥七八梗 當歸去鬚 大黃 赤芍藥 甘草各五錢 蘆甘石四兩川白色者 共剉碎用水十五椀煎至七八椀去渣將甘石煆紅夾入藥水內淬之又煆又淬至七次或九次藥水將乾却將童便二三椀又將甘石依前法煆淬將石研極爛入剩下藥水內浸一宿次日傾去清水將石末用好紙盛曬再研爛羅過

治喉閉急症用鴨嘴膽礬研極細以釅醋調灌吐出膠痰立愈

入片腦一錢硼砂一錢三分用口噙吐水二三口晾乾麝香三分硃砂研細水飛過碟內晾乾一錢五分與石末攪勻再研再羅瓷罐收貯勿令出氣治一切眼疾

咽喉

荆桔湯 荆芥桔梗升麻鼠粘子防風黄芩黄連山梔連翹甘草各等分剉碎水煎食遠服治喉痺塞痛

奪命丹 紫蝴蝶根（南方多栽護墻頭）甘草（生）桔梗黄芩（各等分蝴蝶根多用）共爲末梡內頓服立愈治喉痺

碧雪丹 硼砂（一錢）馬牙硝（一錢五分）氷片（二分半）硃砂（三錢）寒水石（二錢）共爲細末吹一字於患處三兩次即愈治喉

疼

甘桔湯 桔梗甘草各等分水煎服治喉急痛

治纏喉風方 用明礬一兩入銅杓內煎化水放巴豆肉數粒在內同煎至乾伐飛礬在巴豆肉研硝礬點在患處痰涎纏痛出即愈

心腹

扶傷助胃湯 乾薑（一錢炮）揀參草豆蔻甘草（炙）官桂白芍藥陳皮白术吴茱萸（各五分）附子（二錢炮）益智（五分）剉作一服水煎生薑三片棗二箇溫服治寒氣容於

腸胃胃脘當心疼痛得熱則已

易簡方 治絞腸沙用好明礬末調服或用猪欄上乾糞燒灰調服亦可若陰沙腹痛而手足冷看其身上紅點以燈草蘸油點火燒之陽沙則腹痛而手足暖以針刺其十指近爪甲處一分半許出血即安仍先自兩臂將下其惡血令聚指頭刺出血若痛不可忍用塩一兩熱湯調灌塩氣到腸其疼即止

濟生愈痛散 五靈脂 玄胡索炒 莪术 良薑 當歸各等分爲末每服二錢熱醋湯調下不拘時治急心痛

胃脘痛

海上方 治牙關緊急心疼欲死者用隔年老葱白三五根去根鬚葉擂爲膏將口斡開用銀銅匙將葱膏送入喉中以香油四兩灌送葱膏油不可少但得葱膏下喉即甦少時腹中所停蟲病等物化爲黄水微利爲佳除根永不再發

又方 杏仁 棗子 烏梅各七箇擣匀用艾醋湯服七次

導氣枳殼丸 三稜草紙四五層裹浸溼灰火中煨 蓬术用三稜製法用醋拌 青皮 陳皮 桑皮 茴香炒 枳殼 蘿蔔子炒 木通各八兩 黑牽牛一箇 爲末水丸每服八十丸食遠白湯下治氣

碧玉露漿方于中秋前後用無五棓新青布一二尺扯作十餘段每段四五尺五更時先用細竹抹去

結不散心胷痞痛逆氣上攻

腰脅

川芎白桂湯 羌活一錢五分 柴胡肉桂桃仁當歸尾甘草炙 蒼朮川芎各一錢 獨活神麯炒各五分 漢防巳酒製 防風各三分 剉碎作一服好酒三盞煎一盞食前暖處溫服治冬月露臥感寒溼腰疼

獨活湯 羌活防風獨活桂大黃煨 澤瀉各三錢 甘草炙 連翹各半兩 防巳黃蘗各酒製一兩 桃仁三十箇 共剉碎每半兩酒水各半盞煎空心熱服治因勞役濕熱日甚腰痛如折沉重如山

秘方 破故紙一兩炮 木香二錢 爲末好酒調服二錢治腰疼

脚氣

建寍丸 生地黃一兩五錢 當歸一兩 芍藥陳皮蒼朮各一兩 吴茱萸黃芩牛膝各五錢 大腹子桂枝各五錢 共爲末糊丸如桐子大每服百丸空心煎白朮木通湯下

應痛丸 赤芍藥煨去皮 草烏煨去皮尖各半兩 爲末酒糊丸空心服十丸白湯下

諸虛

十全大補湯 人參肉桂川芎熟地黃茯苓白朮甘草

黄耆 當歸 白芍藥等分水煎姜三片棗一箇治男子婦人諸虛不足五勞七傷

人參養榮湯 白芍藥三兩 當歸 陳皮 黄耆 桂心 人參 白朮 甘草炙各一兩 熟地黄 五味子 茯苓各七錢半 遠志五錢 水煎生姜三片棗一箇遺精加龍骨咳嗽加阿膠

無比山藥丸 赤石脂 白茯苓 巴戟去心 牛膝酒浸 澤瀉 山茱萸各二兩 肉蓯蓉四兩 五味子二兩 杜仲炒去絲 兎絲子 熟地黄各三兩 共為末煉蜜丸如桐子大每服五十丸空心温酒下

固本丸 生地黄洗 熟地黄洗再蒸 天門冬去心 麥門冬去心

各一兩 人參五錢 共為末煉蜜丸如桐子大每服五十丸空心温酒或塩湯下

滋血百補丸 地黄八兩酒浸 兎絲八兩酒浸 當歸四兩酒浸 杜仲四兩酒炒 知母二兩酒炒 黄蘗二兩酒炒 沉香一兩 共為末酒糊為丸腍前服

烏雞煎丸 胡黄連 人參各一兩 白朮炒 補骨脂 茯神 茯苓去皮 谷精草 赤芍藥炒 知母 貝母 黄耆酒浸 黄蘗炒 前胡 銀州軟柴胡 五味子 杏仁去皮尖 地骨皮 秦艽去蘆 當歸酒浸 淮慶山藥 乾熟地黄酒浸 石蓮肉 肉蓯蓉酒浸 天門冬去心酒洗淨 麥門冬去心酒洗 小茴香炒 白芍藥

草上蛛網乃蟹布長竹上如旂様展取草頭露水荷葉稻苗上尤佳絞入淨磁罐內布色淡則換新布見日則不畏澄数日自清晚間用男乳約一兩半白蜂蜜一酒盞人參湯一酒杯多少同乳人參須上等四五分不拘緩入一宮碗內將露水一飯碗攪入宮碗共得七八分和勻以綿紙封口用碟蓋好次日五更燒開水二大碗將宮碗內露陽湯盤熱睡醒時緩緩溫服之蓋所以殺蟲露去諸經之火參補氣乳補血蜜潤肺治一切虛損勞症有奇效

川椒去核炒已上各五錢各味如法精製剉細用白毛烏骨雞重二斤許男雌女雄肋下去腸入藥縫好用無灰白麯酒二大瓶煑一晝夜將骨肉并藥擣碎爲末酒糊丸如桐子大每服五十丸日進三服俱食前或米湯或淡塩湯送下

加味虎潛丸 熟地黃四兩酒浸蒸九次微蜜釀乾 乾山藥二兩 肉蓯蓉二兩酒浸蒸九次 牛膝二兩 杜仲二兩去皮 白术四兩 虎脛骨二兩酥炙熏微黃色 敗龜板四兩酥炙 當歸二兩 黃檗四兩去皮酒浸春五夏三秋七冬十日炒褐色為度 川芎二兩 知母二兩 白芍藥二兩 爲末煉蜜丸如桐子大每服百丸空心酒下

補陰丸 熟地黃六兩酒浸 人參當歸酒浸 白芍藥炒 乾山藥 破故紙酒浸炒 兎絲子枸杞子牛膝俱酒浸 杜仲姜汁炒斷絲 敗龜板酥炙黃色 虎骨酥炙 知母酒炒各三兩 黃檗酒炒褐色 鎖陽二兩酥炙 黃耆二兩蜜炙 精滑加龍骨火煅 牡礪火煅各兩半 爲末煉蜜丸如桐子大每服七十丸空心塩湯送下

諸瘧

丹溪方 川芎紅花當歸黃檗炒 白术蒼术甘草各等分 水煎露一宿次早服無汗要汗散邪爲主帶補有汗要無汗扶正氣爲主帶散治老瘧

又方 青皮桃仁紅花神麯麥芽鼈甲三稜蓬术海粉

治瘧方生何首烏五錢青皮三錢陳皮二錢酒一碗河水一碗煎一碗溫服不論次近即愈

又方待發過三四次後臨發時飲釅醋多多益善必愈

又方 青皮 桃仁 紅花 神麴 麥芽 鱉甲 三稜 蓬朮 海粉

汗要無汗扶正氣為主帶散治老瘧

末頭露一宿次早服無汗要汗散邪為主帶補有

丹溪方 川芎 紅花 當歸 黃蘗(炒) 白朮 蒼朮 甘草(各等分)

諸瘧

末煉蜜丸如桐子大每服七十丸空心鹽湯送下

陽(酥炙二兩) 黃耆(蜜炙二兩) 精滑加龍骨(火煅一兩) 牡蠣(火煅各半兩) 為

(絲) 敗龜板(酥炙黃) 虎骨(酥炙) 知母(酒炒各三兩) 黃蘗(鹽酒炒色) [illegible]

破故紙(炒) 菟絲子 枸杞子 牛膝(酒浸) 杜仲(薑汁炒)

補陰丸 熟地黃(酒浸六兩) 人參 當歸(酒浸) 白芍藥(炒) 乾山藥

如桐子大每服百丸空心酒下

(酒炙十日色為度炒) 川芎(二兩) 知母(二兩) 白芍藥(二兩) 為末煉蜜丸

(酥炙微黃) 敗龜板(酥炙四兩) 當歸(二兩) 黃蘗(春四兩 夏五兩 秋三兩 冬七兩 去皮酒浸)

蓯蓉(酒蒸二兩) 牛膝(酒浸三兩) 杜仲(去皮二兩) 白朮(四兩) 虎脛骨(酥炙二兩)

加味虎潛丸 熟地黃(酒浸四兩 九蒸九曬) 乾山藥(二兩) 肉蓯蓉

食前或米湯或淡鹽湯送下

為末酒糊丸如桐子大每服五十丸日進三服俱

無灰白麪酒二大瓶煮一晝夜將骨肉并藥搗碎

骨雞重二斤許男雌女雄劫下去腸入藥縫好用

(炒) 川椒(去汗 去核 已上各五錢) 各味如法精製剉細用白毛烏

香附（並醋煮）共為末丸如梧桐子大每服五七十丸
白湯下

又方 川山甲草果知母檳榔烏梅甘草常山水煎露
一宿臨發日早服得吐為順

截瘧丹 檳榔陳皮白朮常山茯苓烏梅厚朴作二服
水酒各二鍾煎至一鍾當發前一服臨發早一服

消渴

地黃茯神麥門冬（去心各等分）水煎入竹葉十四片

麥門冬飲子 知母甘草（炒）瓜蔞五味子人參葛根生

地黃茯神麥門冬（去心各等分）水煎入竹葉十四片

加味錢氏白朮飲 人參白朮茯苓甘草（炙）枳殼（炒各五分）
藿香乾葛（各一錢）木香五味子柴胡（二分）水煎作一服

地黃飲子 甘草（炒）人參生地黃熟地黃黃耆天門冬
麥門冬（去心）澤瀉石斛枇杷葉（炒）水煎每服五錢

積聚

分氣紫蘇飲 五味桑皮茯苓甘草（炙）草果腹皮陳皮
桔梗紫蘇各等分每服五錢水二鍾薑三片煎七
分空心服

勝紅丸 三稜（草紙四五層浸濕灰火中煨）蓬朮（如前製）青皮陳皮乾
薑（炒）良薑（各一斤）香附山查神麯（各二斤）為末水發丸
每服八十丸食遠白湯下

阿魏丸　山査　南星皂角水浸　半夏皂角水浸　麥芽炒　神麯炒各一兩　黄連一兩　連翹　阿魏醋浸　瓜蔞　貝母各半兩　風化硝　石醼　蘿蔔子　胡黄連二錢五分如無以宣連代　爲末，薑汁浸蒸餅丸。

一方加蛤粉，治嗽。

香稜丸　三稜六兩醋炒　青皮　陳皮　蓬术炮或炒　枳殼　枳實　蘿蔔子　香附子俱炒各三兩　黄連　神麯　麥芽炒　鼈甲醋炙　乹漆炒烟盡　桃仁炒　硼砂　砂仁　當歸稍　木香　甘草炙各一兩　檳榔大兩　山査四兩　共爲末，醋糊丸，每服三五十丸，白湯下。

黄疸

治穀疸　用苦參五兩　龍膽草一兩　爲末，牛膽一箇　以蜜微煉丸如桐子大，每服五十丸，空心熱水下，或用生薑甘草湯。

治食勞疸　用皂角不拘多少，砂鍋内炒赤，用米醋點之，赤紅色研細，棗肉爲丸如桐子大，每服三十丸，薑湯下。

治酒疸　枳實去白麩炒　梔子　葛根各二兩　豆豉一兩　甘草炙五錢　水一鍾煎，温服。

治女勞疸　滑石二兩五錢　枯白礬一兩　爲末，每服二錢。

治熱疸　茵陳一兩去莖　大黄五錢　梔子七箇　每服水二鍾半煎

至一鍾去柤取汁調五苓散温服

瀉痢

丹溪方 治泄瀉身疼麻木 陳皮白术白荳蔻澤瀉猪苓白芍藥川芎神麯砂仁吴茱萸藿香木香各等分水煎食前服

香連芍藥湯 白术白茯苓猪苓澤瀉各一錢半 木香五錢 厚朴一錢 蒼术一錢一分 陳皮一錢 白芍藥一錢五分 檳榔七分 黄連六分 甘草四分 水二鍾陳米一撮煎食前服治初痢紅白

真人養臟湯 人參當歸各去蘆六錢 罌粟殻去蒂蓋二兩六錢 肉桂去皮八錢 訶子皮去核一兩二錢 木香一兩 肉荳蔻火煨五錢 白术焙六錢 白芍藥一兩六錢 甘草一兩八錢 每服四錢水一盞煎治久痢赤白

白术木香散 白术二錢 人參一錢五分 茯苓陳皮各一錢半 木香五分 砂仁七分 蒼术一錢米泔水浸炒 厚朴一錢薑汁製炒 猪苓一錢 澤瀉一錢 肉桂四分 白芍藥一錢五分 半夏湯泡八分 甘草炙四分 薑棗煎食前服治禁口痢

戊巳丸 黄連炒 白芍藥 吴茱萸湯炮七次各八兩 爲末糊丸每服八十丸空心水飲下治泄瀉

五令散 加木香柯子肉荳蔻白芍藥藿香附子各五錢

治小便不通用犀角琥珀二味研末服甚効又方牛膝車前子三錢共五錢同剉爲粗末將桑白水煎空心服效

水煎服治脾泄

經驗方 黃連十二兩 人參四兩 右用好黃連陳酒煮乾再剉再炒爲末治便血并痢疾增咳逆變黑

諸淋

二神散 海金砂七錢五分 滑石五錢 爲末每服一錢半多用燈心木通麥門冬煎入蜜少許調下治諸淋急痛

五淋散 赤茯苓赤芍藥山梔子仁生甘草各二錢半 當歸黃芩各五錢 每服五錢水煎空心服治諸淋

車前子飲 車前子五錢 淡竹葉荊芥穗赤茯苓燈心各二錢半 分作二服水煎空心服治諸淋小便痛

清心蓮子飲 黃耆石蓮肉白茯苓人參各二錢半 黃芩麥門冬甘草地骨皮車前子各五錢 每服五錢水煎治上盛下虛心火炎上口苦咽乾煩渴微微小便赤澁或欲成淋發熱加柴胡薄荷

疝氣

蟠葱散 蓬朮檳榔茯苓肉桂玄胡索青皮丁皮乾薑白芨三稜宿砂各等分 水一盞半煎七分食前服

橘核散 橘核桃仁梔子川烏吳茱萸各等分 研末煎服

噎塞

丹溪方 韭菜汁每早半盞冷飲之盡韭汁一斤爲度

治咽食倒食方用真柿霜拌糯米蒸飯食之八日不飲滴水效又方用虎肚燒末存性

好酒調服效

治血在胃口安食欝而成痰

翻胃

逆氣湯 桂去皮三錢 生薑六錢 吴茱萸炒四錢 半夏湯洗入錢 大棗四箇 用水一升煎四合分作三服治胷膈氣逆

翻胃

桂香散 水銀 黑錫各三錢 硫黄五錢 入銚內用柳木槌過微火上細研爲灰取出後入丁香末二錢 生薑末三錢 調匀每服三錢黄米飲下一服取放病甚者再服

治膈氣翻胃

丁香附子散 丁香五錢 檳榔一箇重三錢 黑附子一箇重五錢炮 船上硫黄去石研 胡椒各二錢 爲末入研藥和匀每服二錢用飛硫黄一箇去毛翅足腸肚塡藥在內湿紙五七重裹定慢火烧熟取嚼食後温酒送下日三服如不食葷酒粟米飲下不拘時治膈氣吐食

阿魏散治骨蒸傳尸勞寒熱羸弱喘嗽方 阿魏三錢研 青蒿一握細切 向東桃枝一握細剉 甘草如病人中指許大男左女右 童便二升半 先以童便隔夜浸藥明早煎一大升空心温服 服時分爲三次 次服調檳榔末三錢 如人行十里時再一服 丈夫病婦人煎 婦人病丈夫煎 合藥時忌孝子孕婦病人及腥穢之物 勿令雞犬見 服藥後忌油膩濕麪諸冷硬食物 服一三劑即吐出蟲或泄瀉 更不須服餘藥 若未吐利即盡服之 或吐或利出蟲皆如人髮馬尾之狀即瘥 又方 吐利後虛羸魂魄不安以茯苓湯補之 白茯苓 茯神各一錢 人參三錢 遠志去心三錢 龍骨二錢 防風二錢 甘草三錢 麥門冬去心四錢 犀角五錢剉爲末 生乾地黄四錢 大棗七枚 水二大升煎八分 分三服温下 如人行五里許時更一服 謹避風寒 若未安隔日再作一劑 已上二方須連服之

便民圖纂卷第十一

立秋日日未出採楸葉熬膏傅瘡瘍立愈
治腫毒初起方取雞子用銀簪挿一孔用明透雄黃三錢研細入之仍以簪攪勻封孔入飯內蒸熟食之日三枚神效

便民圖纂卷第十二

調攝類下

瘡腫

【諸腫毒】凡癰疽發背用大蘇根洗淨切碎研如膏塗瘡上其冷如氷初發者能消散已發者速潰或用大蒜切片子如錢厚安腫上以艾灸之蒜熟更換新者初灸覺痛灸至不痛乃止初灸不痛灸至極痛方止【又方】不問老少初發時以紙一片水浸溼搭腫上一點先乹者即是正頂以大筆管一箇安頂上用大馬黃一條安其中頻以冷水灌之馬黃當吮其穴血出毒散如毒大用三四條始見功若吮正穴馬黃必死用水救活其瘡即愈累試奇方

乃去毒之一端也血不止以藕節研爛塗上○癰疽成膿不用針者取出蛾繭一枚燒灰酒調服即破○凡惡瘡不收口者用芫花陰乹爲末先用槐枝葱白湯洗過摻之立効灸瘡不收者更效○多年惡瘡用馬齒莧擣爛傅之瘡形如翻花者燒灰猪脂調傅○毒瘡無頭者用蛇蛻皮貼腫處【又方】槐花二兩微炒好酒二碗煎一碗上發背食後服下發背食前服○無名腫毒用野菊花連根擣爛

治無名腫毒方麥粉不拘多少用陳醋熬膏貼神效

治發背腦疽一切惡瘡初起時採獨蒼耳一根連葉帶子細剉不見鐵器用砂鍋熬水二大碗熬及一碗如瘡在上飯後徐徐服吐出吐定再服以盡為度瘡在下空心服瘡自破出膿以膏貼之

又治一切惡瘡服瓜蔞方瓜蔞一枚去皮用穰及子生姜四兩甘草三兩橫紋者佳細切用白灰酒一碗煎及半穰服之忌銅鐵器患在上食後服在下空心服一說有加大黃或木香或乳香沒藥者病瘡先疏利次用取蔞方曰以乳香菉豆粉溫下三五錢防毒氣入腹外以膏敷之自無不愈

以好酒二碗煎至一碗乘熱服之○鬓邊軟癤數年不愈者用猪頸猫頸上毛各一撮燒灰鼠屎一粒為末清油調傅○附骨疽乆不癰膿汁敗壞或骨從瘡孔出用大蝦蟆一箇亂頭髮一握如雞子大猪油四兩煎藥濾去滓凝如膏貼之凡貼先以桑根皮烏豆煎湯淋洗拭乹煆龍骨末掺瘡四畔令易收斂○便癰用皂莢燒過陰乹為末酒調服或用皂莢子七粒水服○便毒初發時用生薑一大塊米醋一盞薑蘸醋磨取千步峰泥即人家行步步地上高墩塗腫處【又方】用核桃七箇連殼燒存性為末好酒調服三五次愈○疔瘡用蒼耳子根梗苗燒灰和醋澱如泥塗乹再換上不十次即拔出根或用白梅肉荔枝肉同擣成膏捻作餅子依瘡大小安上根即出若垂死者用甘菊花葉一把擣汁一鍾入口即活冬月用根此方神効○魚臍疔瘡用絲瓜葉連鬚葱韭菜同入石鉢擣爛以酒和服柤貼腋下如病在左手貼左腋下在右貼右腋下在左足貼左胯在右貼右胯在中則貼心臍並用布帛包住候向下紅絲處皆白則可如有潮熱亦用此法却令人抱住恐其顫倒倒則難救若瘡頭黑深

破之黄水出四畔淫漿用蛇殼燒存性細研用雞子清調傳

瘰癧用蓖麻子炒熟去皮爛嚼臨卧服三二枚漸加至十數枚甚效又方已潰未潰者用蝸牛以竹絲串尾曬乾燒存性入輕粉少許猪骨髓調用紙花量瘡大小貼之一法以帶牧酒牛七箇生取肉入丁香七粒於殼內燒存性與肉同研成膏用紙花貼之又方用大田螺并殼肉燒存性爲末破者乾貼未破者清油調服又方不分男婦用猫兒眼草一二綑井水二桶五月五日午時鍋內熬至一桶

盆內澄清再下鍋熬至一碗盛放磁瓶內另用川椒葱槐枝三件放在一處熬湯將瘡洗淨用藥膏搽二三次即愈又方專治婦人用檳榔黒牽牛斑猫麝香郁李仁甘草防風白术蜜陀僧各等分斑猫去翅足用糯米炒如粟米色攤地上去火性郁李仁亦用糯米炒令黒色黒牽牛將一半用浮麥炒令黒色各爲末以人年歲大小體貌肥瘦用藥五更時煎木香檳榔湯調服或止用井花水調服亦得待藥行四五度巳時分以白米粥補之病根從小便出即愈

瘤癖凡皮膚頭面上生瘤大者如拳小者如栗或軟或硬不疼不消痛者用大南星一枚細研稠粘用米醋五七滴爲膏如無生者用乾者爲末醋調如膏先將小針刺痛處令氣透以藥攤紙上貼之又方兼去鼠妳痔用芫花根淨洗帶溼不得犯鐵氣於木石器中擣取汁用線一條浸半日或一宿以線繫瘤經宿即落如未落再換一二次自落後以龍骨訶子末傅瘡口即合繫鼠妳痔依上法累用之效如無根用花泡濃水浸線

面瘡用皶子底黑煤和小油調一匙打成膏子攤紙上貼之或用水調平胃散塗之

鼻瘡用杏仁研乳汁和傅或用烏牛耳垢摻之

口舌瘡用玄胡索一兩黃蘖黃連各半兩蜜陀僧二錢青黛一錢爲末傅貼口內有津即吐又方用杏仁七箇去皮尖輕粉少許同嚼吐涎即好

走馬府瘡用天南星一箇剜去心以通明雄黃一粒入南星內仍以剜下南星片掩之麵裹煨以折爲度爲細末乹用清油調塗溼乹摻三日全愈

天疱瘡用防風通聖散末及蚯蚓略炒蜜調傅若從肚上起者是內發熱服通聖散

【禿瘡】用溫熱泔水洗見血將松香一兩猪板油半兩同研爛傅瘡上三日後仍如前法洗傅不三五次即愈盖二味能引蟲出故也須時常用溫水洗過菜油擦之不發

【臁瘡】用虀汁洗淨挹乾刮虎骨傅上【又方】用韭地上蚯蚓泥乾末入輕粉清油調傅白犬血亦可【又方】用白墡土煅紅數多爲妙研細生油好粉調塗或用真百藥煎塡之或以五倍子末摻之若臭爛久不愈者用黑龜煅一箇酸醋一碗炙醋盡爲度仍煅令白烟盡存性碗合地上一宿出火氣入輕粉麝香拌勻先以葱湯洗拭乾傅藥

【人面瘡】用貝母爲末搽之

【疥瘡】水銀大風子輕粉樟腦杏仁枯礬各等研細桕油調搽

【頭癬】雄黃硫黃剪草枯礬寒水石輕粉滑石各等分爲末用香菜油調勻先用荆芥防風黃蘗等藥煎湯熏洗次用藥搽傅

【痔瘡】用馬齒莧苦蕒各一斤枳殼一兩連鬚葱一握川椒一合煎湯熏之候稍溫方洗不二次永除

【又方】取鰻魚焙乾燒烟熏之【又方】以土中繡釘無鐵

治痔方用稀薟燒酒七斤南荆芥穗四兩槐豆五錢搗爛煎沸五次空心注意服甚効

者擣爛釅醋調蘸三五次即愈

洗痔方 晋礬 寒水石各一兩 雄黃三錢 共爲末每次三錢以滚水泡過攪勻碗盛放淨桶內熏之候水温洗

又方 用不見水新磚一塊燒紅以好醋潑上却用艾葉鋪了三四層乘熱以布果定令坐上蒸熏三五次即愈或用煮鱉湯或退雞湯洗即愈

漏瘡 惡水自大腸出用黑牽牛研細去皮入猪腰子内以線紮青荷葉包果火煨熟細嚼温塩酒下

又方 肛門周匝有孔數十諸藥不效用熟犬肉蘸濃塩汁空心食之七日自愈

脫肛 地龍一撮壁上白蜂窠研細搽上 又方 五倍子爲末每用三錢入白礬一塊水二碗煎洗 又方 木賊燒灰存性爲末搽上 又方 浮萍草爲末乹貼

下部溼瘡 熱痒而痛寒熱大小便澁飲食亦減身面微腫用馬齒莧四兩研爛入青黛一兩再研勻傅上 又方 用紅椒開口者七粒連根葱白七箇同煮水洗淨用絹衣挹乹即愈

外腎瘡 用菉豆粉一分蚯蚓屎二分水研塗上乹又傅如男子陰頭生癰用鼈甲爲末雞子白調傅治蛀榦瘡用黒油傘紙燒灰合地上一宿出火氣傅

治杖後避風方 荆芥 黄蠟 魚鰾炒黄色各五錢 艾葉三片 無灰酒一碗重湯煮一炷香時熱服汗出立愈 百日內忌雞肉

瘡上便結靨治下疳瘡用白礬一兩黄丹八錢熬飛紫色研爲末以溝渠中悪水洗過挹乾傅上

凍瘡 用乾茄根煎湯洗即愈凍脚者熱醋湯洗研藕貼之

漆瘡 用磨鐵槽中泥或蟹黄塗之

杖瘡 以防風荆芥大黄黄連黄蘗用水煮却以油紙包乳香沒藥線紮定置所煮藥於水中再煮乆之取出洗下油紙内二藥和藥汁中洗瘡油紙貼瘡一日一次

痱子 用淨水挪青蒿汁調蛤粉傅雪水尤妙 **又方** 用

茭菰葉陰乾爲末傅之

腮腫 一名痄腮用赤小豆爲末醋調傅立效

手指頭腫 用烏梅槌碎去核肉取仁研碎水醋調入漬之自愈○悪指欲成瘡痛極者用生黒豆嚼爛罨上以紗帛縛住痛即止○手背腫痛用苔脯浸研細傅之又以手按地足踏碾即散

諸傷 救急附

破傷風 用病人耳中膜并爪甲上刮末唾調傅○牙關口緊四肢強直用鼠一頭連尾燒灰研臘猪脂調傅○浮腫用蟬殼爲末葱涎調傅破處即時取

治撲打墜損方以十一月采野菊花連枝葉陰乾用時每野菊花一兩加童便無灰好酒各一碗同煎熱服雖重傷瀕死但一縷未絶灌下立甦○治折傷骨方用開通元寶錢燒而醋淬研末以酒服下則銅末自結爲圏周束折處如倉卒此錢不易得取鏫末酒服亦可○此錢唐初所鑄歐陽詢書幕有偃月形其字迴環讀之非元宗之開元通寶也

去惡水或用魚膠二錢溶化封之又酒服一錢

撲打墜損惡血攻心悶亂疼痛用乾荷葉五斤燒烟盡空腹以童便溫一盞調下三錢日三服○從高墜下及墜馬傷損取淨土和醋蒸熱布褁熨之痛即止○跌撲有傷口嚼燈心罨之血即止或用冬青葉曬乾爲末摻傷處或細嚼傅上或用薑汁和酒等分拌生麵貼之或用霜梅槌碎罨瘡口免破傷風○傷肢拆臂者即將拆處接上掷定用好酒一碗旋熱將雄雞一隻刺血在內攪勻乘熱飲之仍將連根葱擣爛炒熱傳上包縛冷再換亦治刀刃傷痛與血隨止

用未退胎毛小雞一隻和骨生搗如泥作餅入五加皮傅傷處接骨如神○又方剌蘼根一段長五六寸用瓦器焙乾爲末白花者良黄花者亦可乳香三錢沒藥三錢孩兒茶五粒用無灰老酒沖服斷骨自續上身一劑中身二劑下身三劑

接筋神方

宣服花研末白糖沙鍋熬汁入宣服花末滴入傷口其筋自續

接骨方用無名異甜瓜子各一兩乳香沒藥各一二錢許共爲細末每服五錢熱酒調服小兒三錢服訖以紙攤黄米粥於上摻左顧牡礪末褁傷處竹篦夾之

人咬傷用龜板或鼈甲燒灰爲末香油調塗

虎傷用生薑汁服并洗傷處白礬末傳瘡上

馬咬及踏傷用艾灸瘡上并腫處又用人屎或用馬屎鼠屎燒爲末和猪脂調傅若人身先有瘡因乘馬爲馬汗或馬毛入瘡中或爲馬氣熏蒸皆致腫

痛宜數易冷水漬之難漬處以布浸溼搨之

猪咬傷 用屋霤中泥塗之即今之承溜也

犬咬傷 用萆麻子五十粒去殼井水研成膏先以塩洗咬處貼上或用蚯蚓泥和塩研傅或以砂糖塗之

風犬傷 急於無風處嗍去瘡孔血若孔乹則針刺血小便洗淨用胡桃殼半瓣人糞填滿掩瘡孔艾灸一百壯後一日灸一壯百日止急用蝦蟆乹一箇斑猫二十一箇去頭翅足用糯米炒黃只用斑猫蝦蟆爲末分作四服酒調或水調服以小便瀉下

惡物爲度未見惡物量輕重再服常服者韭汁一盞常敷者虎骨末和石灰臘猪脂調傅禁酒雞魚猪肉油膩終身忌食犬肉蠶蛹被咬者無出於灸七日當一發二七日不發可全免如痛定瘡合爲愈不治者必死

猫咬傷 用薄荷汁塗之或浸椒水調莽草末傅

鼠咬傷 用猫毛燒灰麝香少許津唾調傅

毒蛇惡蟲傷 毒氣入腹者用蒼耳草嫩葉擣汁灌之將粗厚卷傷處若犬咬煮汁服之○惡蛇傷不可療者香白芷爲末麥門冬去心濃煎湯調下頃刻

(治蝎螫神方 生半夏爲末用醋調敷患處立愈)

咬處出黃水盡腫消皮合仍用藥粗塗傷處[又方]急於無風處先以麻皮縛咬處上下重者刀剜去傷肉小便洗淨燒鐵烙之然後塡蚯蚓泥次塡陳年石灰末絹紮住輕者針刺瘡口并四旁出血小便洗淨以蒜片著咬處艾灸三五壯

[蜈蚣傷]用燈草蘸油點燈以煙熏之凡毒蟲傷皆可治[又方]用蚯蚓泥挹之或刺雞冠血塗之或以桑樹汁傅之

[蜂子毒]用野芋葉擦之或急以手爬頭上垢膩傅之或用塩擦或用人尿洗之

[湯火傷]用青梲爲細末水飛過以桐油調傅不兩次瘥或用五倍子爲末摻之或用饅頭燒灰油調傅之或用麻油浸黃葵花搽之[又方]用菉豆粉小粉俱炒過爲末和匀以香油調傅

[蚯蚓傷]地上坐卧不覺外腎陰腫塩湯溫洗數次甚效

[針刺]拆在肉中者用瓜蔞根擣爛傅上一日換三次自出[又方]用臘姑腦子(即蠟蛄)硫黃研匀攤紙上貼瘡候痒時針出

[竹木刺]入肉者用[illegible]糞爲末水調塗刺上候疼搔自

竹木刺入肉者用■糞為末水調塗刺上候痒搔自

瘡候痒時針出

自出又方用螻姑腦子（姑即蛄）硫黃研勻攤紙上貼

針刺在肉中者用瓜蔞根搗爛傅上一日換三次

效

蚯蚓傷地上坐臥不覺外腎陰腫鹽湯溫洗數次甚

俱炒過為末和勻以香油調傅

之或用麻油浸黃葵花搽之又方用菉豆粉小粉

塗或用五倍子為末搽之或用蠶頭燒灰油調傅

湯火傷用青椒為細末水飛過以桐油調傅不兩次

或用鹽擦或用人屎洗之

蜂子螫用野芋葉擦之或急以手爬頭上垢膩傅之

樹汁傅之

治又方用蚯蚓洗搗之或刺雞冠血塗之或以桑

蜈蚣傷用燈草蘸油點燈以煙熏之凡毒蟲傷皆可

便洗淨以蒜片著咬處艾灸三五壯

手一合灰末納禁住痛者針刺瘡口并四畔出血小

傷肉小便洗淨燒鐵烙之然後填蚯蚓泥次填瘡

急於無風處先以麻皮縛咬處上下重者乃刺去

咬處出黃水盡隨消皮合仍用藥粗塗傷處又方

出或嚼栗子傳之亦妙

自縊不可割斷繩以膝頭或手厚褁衣緊抵穀道拖起解繩放下揉其項痕搐鼻及吹其兩耳待氣回方可放手若泄氣不可救

溺水救起放大櫈上卧着櫈脚襯高以塩擦臍中待水自流出不可倒提出水但心下温者可救**又方**急解去衣帶艾灸臍中仍令兩人以蘆管吹其耳中即活

旅途中暑不可用冷水灌沃急就道間掬熱土於臍上撥開作竅尿其中次用生薑大蒜細嚼熱湯送

下

凍死冬月凍死及落水凍死微有氣者脫去溼衣解活人熱衣包之用米炒熱熨心上或炒竈灰令熱以囊盛熨心上冷即換之令暖氣通温以熱酒或薑湯或粥飲少許灌之

一應卒死心頭熱者用菖蒲根生擣絞汁灌鼻中或口中即活○目閉者擣薤汁灌耳中吹皂莢末入鼻立效○口張者灸兩手足大指甲後各十四壯○四肢不收遺便者馬屎一升水三斗煮取汁二斗洗之又取牛糞一升温酒和灌口中灸心下一

治煤毒方臨卧削蘆菔一片着火中即烟不能毒人如無蘆菔時預儲乾者用之亦佳又方室中貯水盆盆中毒即解

寸臍下二寸臍下四寸各一百壯○脉動而無氣者用菖蒲屑納耳鼻孔中吹之及着舌底

【壓死】凡壓死及墜跌死心頭温者先扶坐起將手提其髮用半夏末急吹入鼻中如活以生薑汁香油打勻灌之若取藥不便急擘開其口以熱小便灌之

【魘死】不得近前叫喚但咬痛其脚根及足拇指甲際多唾其面不省者移動些少卧處徐徐喚之原有燈則存無燈不可點照【又方】用皂莢爲末吹入鼻中或用蘆管吹兩耳或以塩湯灌之或擣韭汁半

盞灌鼻中皆可

【中砒毒】用白匾豆一合爲末冷水調下【又方】用旱禾稈燒灰新汲水淋汁絹濾過冷服一碗【又方】用寒水石菉豆粉末以藍根研水調服或菉豆擂水或醬調水服皆可

【中蠱毒】用白礬一塊嚼之覺甜不澁次嚼黒豆不腥者便是有蠱用梳齒上垢膩服之吐出【又方】用蠶退紙撚紙條蘸麻油燒存性爲末水調一錢頻服若面青脉絶昏迷如醉口噤吐血服之即蘇【又方】治百蠱不愈者取鶉鴣熱血隨多少服之【又方】取

治偏頭痛方取新蘿蔔自然汁入龍腦少許左痛則仰灌右鼻孔右痛則仰灌左鼻孔皆痛則並灌之奇効

胡荽擣成汁用半盞不拘時服其蠱立下和酒服更妙

雜治

妙應散 白伏苓遼參細辛去葉香附子炒去毛川芎白蒺藜炒去角宿砂各五錢龍骨研石膏煆百藥煎白芷各七錢麝香少許研 共爲細末臨卧早晨温水刷之牢牙踈風理氣黑髭髮

烏髭髮方 生胡桃皮生石榴皮生柿子皮各等分 先將生酸石榴剜去穰子揀丁香好者裝滿通秤分兩復將胡核柿子皮與所裝石榴丁香等分曬乾同爲末用生牛乳和匀盛鉛盒内䆩封埋馬糞中四十九日取出或魚泡或猪膽褁指蘸撚髭髮即黑

又方 鉛二兩石灰一兩半粉二錢黄丹一錢半 入廣鍋同炒千萬遍色要黑紅出鍋置地上出火氣加芸香一錢清茶調傅鬚上菜葉褁之再用帕包次早肥皂湯淨洗

又方 針砂一兩新鐵鍋炒紅入好醋浸之再炒再浸共七次訶子白芨各四錢百藥煎六錢綠礬二錢各爲末先淨洗鬚用好醋調令牽線搭鬚上以菜葉包護再用手帕緊纏次早温酸泔洗去後用肥皂湯洗

固齒及烏髭方生地黃細辛白芷皂角各一兩去黑皮并子入瓶黃泥封固用炭火五六斤煆令炭盡入白僵蚕一分甘草二錢并爲細末早晚用

五神還童丹訣云堪嗟髭髮白如霜要黑元來有異方不用擦牙并染髮都來五味配陰陽赤石脂與川椒炒辰砂一味最爲良茯神能養心中血乳香分兩要相當棗肉爲丸桐子大空心溫酒十五雙十服之後君休摘管教華髮黑加光兼能明目并延壽老翁變作少年郎內五味各一兩乃仙家傳授老少皆可服

刷牙藥訣云猪牙皂角及生薑西國升麻及地黃木律旱蓮槐角子細辛荷蒂用相當青塩等分同燒煆研細將來用最良明目牢牙鬚髮黑誰知世上

有仙方

菊花散甘菊花二兩　蔓荊子　乾柏葉　川芎　桑白皮淨　白芷　細辛去苗　旱蓮草根梗花葉並用各一兩　每次用藥二兩漿水五大碗煎至三碗去滓洗治頭髮脫落

追風散貫仲　鶴虱　荊芥穗各等分　每用二錢加川椒五十粒水一大碗煎至七分去滓熱嗽吐去藥諸般牙疼立效　又方用青塩煆過香附同爲末擦之即愈

蒺藜散用蒺藜根燒灰貼牙齒打動處即牢

白附丹白附子　白芨　白斂　白茯苓　蜜陀僧研　白石脂

研定粉各研等分共爲末先用洗面藥洗淨臨睡用人乳汁或牛乳或雞子清調丸如龍眼大窨乾逐旋用溫漿水磨開傳之治面生黑點

檳榔散 雞心檳榔 舶上硫黃各等分 片腦少許 共爲末用糯絹包裹常於鼻上搽磨鼻聞其臭效又加華麻子肉爲末酥油調臨睡少搽鼻上終夜得聞鼻赤自除

又方 枇杷葉一兩去毛陰乾新者佳 梔子五錢 爲末每服二三錢溫酒調下早晨服先去左邊臨卧服去右邊其效如神治酒齄鼻用白鹽常擦或馬雞黃白礬塩爲末用水先溼以藥傳上

唇面皴裂 用臘月猪脂煎熟夜傳面卧遠行野宿亦不損

頭生白屑 側栢葉三片胡核七箇訶子五箇消梨一箇共爲末同研爛用井花水浸片時擦頭上則永不生白屑

不落髮方 側栢葉兩大片榧子肉三箇胡桃肉二箇同研細擦頭皮或浸油或水內常擦則梳頭自不落髮

乾洗頭方 用藁本白芷等分爲末夜摻髮內明早梳之垢自去

治足疾方葳靈仙牛膝合
爲細末蜜丸空心服治腫痛
拘攣皆可服久服有走及脊
隔之效二物當等分酒及熟
水皆可下犯茶則不效葳靈
仙須得眞者

治河豚魚毒方或龍腦
浸水或至寶丹或橄欖
皆可解又槐花微炒與乾
臙脂各等分搗粉水調
灌卽效

手足開裂 用清油半兩以慢火煎沸入黃蠟一塊同煎候鎔入官粉五味子末少許熬令稠紫色爲度先以熱湯洗烘乾用藥傅薄紙貼之

脚指縫爛 用鵞掌黃皮燒存性爲末摻之若指縫搔痒成瘡有竅血不止用多年糞桶箍燒灰傅之○闞甲痛甚者用橘皮濃煎湯洗浸良久足甲與肉自離輕手剪去研虎骨末傅之痛卽止

脚生鷄眼 取黑白虱各一枚先挑破患處以虱置其所縛之卽愈若手指傷成瘡爲鷄眼者用地骨皮紅花研細傅之卽結靨而瘥

腿轉筋 取松木節剉爲骰子大以酒煎服

腰肢軟 用二蠶沙炒熨之

飛蟲入耳 用兩刀臨耳邉相磨敲作聲卽出或用鷄冠血滴入耳中或用麻油灌之若蜈蚣入耳用炙猪肉掩之卽出

骨鯁 用象牙屑以新汲水一盞浮牙屑水上吸之其骨自下或用鳳仙花子爲末吹入喉中自化 又方 訣云宿砂葳靈仙砂糖冷水煎請君進一服諸骨軟如綿一法不用人見將本色骨插髩上倒轉筋仍舊飲食其骨自下

治腋氣方 熱蒸餅一枚擘作兩片摻密陀僧一錢許急挾之腋下少睡片時候冷棄之

胎産驗方

當歸錢五分 川芎錢五分

兔絲子錢五分 枳殼炒六分麸

厚朴七分薑汁炒 荊芥穗八分

羌活七分炒 黃芪八分

艾葉五分 炙草五分

白芍錢二分炒冬月減二分

川貝母錢去心爲末沖用

薑三片棗二枚水煎服○

【悞吞銅鐵】悞吞銅錢用生荸薺汁呷飲自消○悞吞金銀用石灰一塊如杏核大硫黃一塊如皂角子大同研末酒調服○悞吞竹木用舊鋸子燒赤投酒中熱飲或用貫衆煎湯呷之則漱○悞吞稻麥芒取鵞口中涎水嚥之○悞吞鐵針諺云木炭燒紅急擣灰米湯調下兩三杯不然熟艾蒸汁飲便是鐵釘也解摧

【中酒】瓜蔞貝母山梔炒 石膏煅 香附南星薑製 神麯炒 山查各一兩 枳實炒 薑黃蘿蔔子蒸 連翹石鹹各五錢 升麻二錢五分 爲末薑汁炊餅丸白湯送下

【體氣】用大田螺一枚水中養之俟靨開以巴豆一粒去殼將針挑巴豆放在內取出拭乾仰頓盞內夏月一宿冬月五七宿自然成水取擦腋下

【汗斑】用白附子硫黃各等分 爲細末以茄蒂醮醋粘末擦之又用枯草濃煎水日洗數次

婦人

【四物湯】當歸川芎白芍藥熟地黃各等分 水煎服治衝妊虛損月水不調臍腹疼痛一切疾病皆可主此隨證加減

【全生茯苓散】赤茯苓葵子各等分 每服五錢水煎溫服

生胎三四月服二劑七八月再服二劑臨產服二劑胎安易產不論有病無病俱可用催生加紅花七分亦宜不可加減

治妊娠小便不通

大全良方 枳殼麩炒三兩 防風去蘆二兩 甘草炙一兩 每服二錢白湯調下空心食前日三服治孕婦大便秘澁

地黃當歸湯 熟地黃三兩 當歸一兩 爲末作一服水三升煎一升溫服治有孕胎痛

火龍散 艾葉末鹽炒一兩五錢 茴香炒 川練子炒各五錢 水煎服治妊娠心氣痛

驅邪散 高良薑炒 白朮 草果仁 橘紅 藿香葉 砂仁 白茯苓去皮各一兩 甘草炙半兩 每服四錢水一盞薑三片棗一枚煎不拘時服治妊娠停食感冷發爲瘧症

黃芩湯 白朮 黃芩各等分 每服三錢水二盞入當歸一根同煎溫服治孕胎不安

枳殼湯 枳殼去穰麩炒 黃芩各五錢 白朮一兩 水煎食前溫服治胎漏下血及因事下血

立效散 川芎 當歸各等分 每服二錢水煎食前溫服治胎動不安如重物所墜冷如氷

全生白朮散 白朮一兩 生薑皮 大腹皮 陳皮 茯苓皮各五錢 爲末每服二錢不拘時米飲調下治妊娠面目虛浮如水腫狀

簡易方 粉草炙一兩半 商州枳殼五兩去白麩皮炒赤 爲末每服一

錢空心白湯服加香附子丸佳治妊娠七八月者
常宜服之活胎易産

經驗方黃連末酒調一錢日三服治胎動出血産門
痛

良方黃連濃煎汁呷之治兒在腹哭

催生如聖散黃葵花焙乾爲末二錢熟湯調下神效

白芷散百草霜一兩香白芷五錢爲末每服一錢水一盞
煎至七分加童便稍熱服治産難母子保全

秘方肉桂爲末三錢麝香另研五分和匀作一服酒一盞童便
半盞熱調服治胎死腹中不下

又方治生産五七日不下及矮小女子交骨不開者
取自死龜殼或占下廢殻酥炙或醋炙取婦人生
男女多者頭髮燒存性爲末以川芎當歸同煎服

産後消血塊方滑石三錢沒藥二錢血竭二錢如無以牡丹皮代之醋
糊爲丸如惡露不下以五靈脂爲末神麴丸白朮
陳皮湯下

孤鳳散白礬一錢熟水調下治産後閉目不語

獨行散五靈脂炒爲末水酒童便調下一二錢治産
後血暈

秘方紫葳一兩乾漆炒二錢芍藥蓬莪朮當歸稍各五錢

治室女月經不通

小兒

生地黃湯 生乾地黃當歸赤芍藥川芎天花粉各等分

每服五錢水一盞煎服治胎熱胎寒生下遍體皆黃狀如金色身上壯熱大小便不通乳食不進啼哭不止此胎黃候皆因母受熱而傳於胎也凡有此證乳母亦宜服之

至寶丹 安息香一兩五錢為末無灰酒飛過濾去沙石約取一兩慢火熬成膏入藥內用 琥珀研 朱砂雄黃各一兩研水飛 銀箔五十片研 龍腦射香各二錢五分 牛黃五錢各研 生烏犀角生玳瑁屑各一兩 金箔五十

片一半為衣 生犀玳瑁擣羅為細末研入餘藥令勻將安息香膏以湯煮凝成和搜為劑如乾入少熟蜜丸如桐子大二歲服二丸人參湯化下大小以意加減治諸癇急驚卒中客忤

黑龍丸 牛膽南星青礞石煅各一兩 天竺黃青黛各五錢 硃砂三錢 蜈蚣二錢五分燒存性 蘆甘石一錢五分 殭蠶五分 為末煎甘草湯為丸如鷄頭大服一丸至二丸治急慢驚風急驚薑蜜薄荷湯下慢驚桔梗白朮湯下

辰砂丸 辰砂別研 水銀砂子各一分 牛黃龍腦各五分別研 天麻白殭蠶酒炒 蟬殼去土頭足 乾蝎去毒炒 麻黃去節 天南星

治痘倒靨色黑昏白水冷用狗蠅七枚擂碎和酪酒調服移時即紅潤如舊

治痘後餘毒上攻眼成内障用蛇蜕一具淨洗焙乾又天花粉等分爲細末以羊子肝破開入藥在内麻皮縛定用米泔水煮熟切食之良愈

酒浸十次焙乾各一錢 爲末再研勻熟蜜丸如菉豆大硃砂爲衣每服一二丸或五七丸食後薄荷湯送下

抱龍丸 雄黃(一分水飛) 辰砂(五分別研) 天南星(臘月秘牛膽中蔭乾如無生者去皮臍剉炒熟用四兩) 天竺黃(一兩) 射香(五錢別研) 爲末煮甘草湯爲丸如皂角子大溫水化服百日者每丸分作三四服五歲一二丸大者三五丸亦治室女白帶伏暑用塩少許嚼一二丸新水下臘月雪水煮甘草和藥尤佳一法用漿水浸天南星三日候透軟煮三五沸取出乘軟去皮只取白軟者薄切焙乾黃色取末八兩以甘草二兩半拍破用水二碗浸一

宿慢火煮至半碗去滓旋洒入天南星末慢研令甘草水盡入餘藥治傷風瘟疫身熱昏睡氣麤風熱痰實壅嗽驚風潮搐蟲毒中暑沐浴後並可服壯實者宜時與服之

異功散 人參(一錢五分) 木香 官桂(去麤皮) 當歸 茯苓 陳皮 厚朴(姜製) 白术 半夏(姜製) 肉荳蔻 丁香(各一錢) 附子(五分) 水一盞半薑三片煎服治痘瘡元氣虛弱不能升發裏虛泄瀉病有大小以意加減

四聖散 紫草 木通 甘草(炙) 枳殼(炒各等分) 每服一錢水煎治瘡疹出不快

惺惺散 白茯苓細辛桔梗瓜蔞根人參甘草炙白朮川芎各等分爲末每服一錢水煎入薄荷三葉治風熱及傷寒時氣瘡疹發熱

無價散 人猫猪犬糞臘月内燒灰爲末蜜湯調服治斑瘡不出黑陷欲死者量大小與之

丹溪方 硃砂爲末蜜水調服治痘瘡已出未出皆可服

大蘆會丸 蘆會蕪荑木香青黛檳榔黃連炒各二錢五分蟬殼二十四枚胡黃連五分射香少許爲末猪膽二枚取汁浸糕爲丸如麻子大每服二十丸白湯送下治諸疳

瘡

枳朮丸 枳殼麩炒黃色去穰一兩白朮二兩爲末荷葉裹燒飯爲丸如梧桐子大每服五十丸白湯送下治痞消食强胃 皮硝入雞腹中煮食消痞

便民圖纂卷第十二終